SITZUNGSBERICHTE DER DEUTSCHEN AKADEMIE
DER WISSENSCHAFTEN ZU BERLIN

Klasse für Mathematik, Physik und Technik
Jahrgang 1955 Nr. 2

HANS ERTEL

EIN PROBLEM DER METEOROLOGISCHEN AKUSTIK

(Die tagesperiodische Variation der Schallintensität)

1955

AKADEMIE-VERLAG · BERLIN

Vorgelegt in der Gesamtsitzung vom 23. Juni 1955
Zum Druck genehmigt am gleichen Tage, ausgegeben am 25. August 1955

Erschienen im Akademie-Verlag GmbH., Berlin W 8, Mohrenstraße 39
Veröffentlicht unter der Lizenznummer 1218
des Amtes für Literatur und Verlagswesen der Deutschen Demokratischen Republik
Satz und Druck der Buchdruckerei F. Mitzlaff KG., Rudolstadt/Thür. V/14/7 – (659)
Bestell- und Verlagsnummer 2010/55/I/2
Preis: DM 1,—
Printed in Germany

Inhaltsübersicht

I. Alexander von Humboldts qualitative Erklärung der tagesperiodischen Variation der Schallintensität

Bereits im Altertum war die Erscheinung wohlbekannt, daß die Hörweite permanenter natürlicher Schallquellen (z. B. das Rauschen von Wasserfällen) am Tage deutlich vermindert ist gegenüber der Hörweite der gleichen Schallquelle in der Nacht. Bei dem unzureichenden Stand der antiken Physik mußten die Versuche, diese tagesperiodische Schwankung der Lautstärke bzw. Schallintensität zu erklären (z. B. Anaxagoras, Aristoteles, Plutarch), notwendig unbefriedigend bleiben. Erst Alex. v. Humboldt verdanken wir eine befriedigende qualitative Erklärung der tagesperiodischen Variation der Schallintensität [1, 2]. Er erklärte die „nächtliche Verstärkung des Schalles" durch die größere nächtliche Homogenisierung des schallausbreitenden Mediums, welche dadurch eintritt, daß die tagsüber als Folge der inhomogenen Erwärmung des Erdbodens entstehenden auf- und absteigenden Ströme wärmerer und kälterer Luft, welche die Ausbreitung des Schalls stören, nachts in Fortfall kommen.

„Humboldt hatte bemerkt", schreibt G. Wiedemann in seiner Würdigung der diesbezüglichen Humboldtschen Untersuchungen [3], „daß in der heißen Zone das Gebrüll der Vulkane Cotopaxi und Guacamayo in der Nacht viel lauter ertönt als am Tage, und daß diese Steigerung des Schalls auf dem Meere geringer ist als auf ebenen Landstrecken, auf diesen aber stärker als auf dem Rücken der Andes in 3000 Fuß Höhe. Ähnliche Beobachtungen machte er in der Ebene um die Mission Atures, wo er das Rauschen der über eine französische Meile entfernten großen Wasserfälle des Orinoko des Nachts dreimal lauter hörte als am Tage. Durch eine scharfsinnige Diskussion aller Beobachtungen ergründete HUMBOLDT die Ursache dieser auffallenden Erscheinung, die man zuerst wohl auf die größere Ruhe der Tiere und auf das Aufhören des Rauschens der Blätter in den windstillen Nächten zurückführen mochte. Doch beide Gründe sind nach HUMBOLDT nicht entscheidend; im Gegenteil ist das Summen unzähliger Insekten und Moskitos des Nachts viel stärker als am Tage; ebenso hört des Nachts das Rauschen der vom Winde bewegten Blätter keineswegs auf. Wohl aber sind es die Temperaturverhältnisse des Bodens und der Luft, welche jene Erscheinung bedingen. Am Tage erhitzt die Sonne die unbedeckten Stellen des Bodens viel bedeutender als die mit Rasen bedeckten. So steigt die Temperatur des Sandes in den Llanos um 2 Uhr nachmittags bis zu 52,5 und sogar bis zu 60° R, während im Schatten der Bäume die Temperatur nur 36,2° und die Temperatur der Luft in der Sonne, 18 Zoll vom Boden, auch nur 42,5° beträgt. So bilden sich in den unteren Schichten der Atmosphäre am Tage abwechselnde, von den ungleich erwärmten Stellen des Bodens ausgehende Ströme aufsteigender heißer und kälterer Luft; das ganze Luftmeer teilt sich an verschiedenen Stellen in Schichten von sehr ungleicher Temperatur und Dichtigkeit.“

Diese Verhältnisse bedingen nach HUMBOLDT nun eine Schwächung des Schalls, „weil die Luftströme von verschiedener Dichtigkeit, die teilweisen Schwingungen der Atmosphäre infolge der ungleichen Erwärmung der verschiedenen Bodenstücke, Hindernisse bilden“, welche die ungestörte Schallwellenausbreitung modifizieren, „und die wahre Ursache der geringeren Stärke des Schalls bei Tage scheint die zu sein“, schreibt HUMBOLDT weiter, „daß das elastische Medium dann nicht homogen ist“. Dazu beruft sich HUMBOLDT auf die Wellenbeeinflussung durch Diskontinuitäten, „deren Theorie in jüngster Zeit von POISSON so scharfsinnig entwickelt worden ist“.

Die moderne meteorologische Akustik hat diese auf einer sorgfältig vergleichenden Kausalanalyse basierende HUMBOLDTsche Erklärung der tagesperiodischen Variation der Schallintensität beibehalten, wie z. B. die folgenden Ausführungen von HUMPHREYS [4] erkennen lassen: „In an absolutely quiet and homogeneous medium, the intensity of sound must vary inversely as the square of the distance from the source, except in so far as the mechanical energy of the waves is slowly dissipated into heat. In the ordinary atmosphere, however, at least near the surface, the intensity of sound decreases far more rapidly (STEWART, Phys. Rev. *14*, 376, *1919*). A portion of the excess in the rate of decrease of the intensity over that required by the inverse square law is due, no doubt, to internal reflections and refractions incident to temperature irregularities."

Ersichtlich hat die HUMBOLDTsche Erklärung der tagesperiodischen Variation der Schallintensität bzw. der Lautstärke einen rein qualitativen Charakter. Moderne Fragestellungen, z. B. im Zusammenhang mit einer präzisen Charakteristik des „örtlichen Schallklimas" [R. GEIGER, 5], lassen eine quantitative Behandlung des Problems wünschenswert erscheinen, die im folgenden auf der Basis der HUMBOLDTschen Erklärung entwickelt werden soll.

II. Quantitative Behandlung des Problems

A. Charakteristische Funktionen der Wellenfelder; Amplitude bzw. Intensität und Eikonal

In der Darstellung

$$\psi = a \cdot e^{i\omega(t - S/c_0)} \tag{1}$$

einer Welle mit der Kreisfrequenz ω treten zwei Funktionen auf, die als *Amplitude a* und *Eikonal S* bezeichnet werden; t = Zeit, c_0 = Konstante mit der Dimension einer Geschwindigkeit. Für eine ebene harmonische Schallwelle, welche sich nach der Wellengleichung

$$(2) \qquad \left(\frac{\partial^2}{\partial x^2} + \frac{\partial^2}{\partial y^2} + \frac{\partial^2}{\partial z^2} - \frac{1}{c^2}\frac{\partial^2}{\partial t^2}\right)\psi = 0$$

in einem isotropen und homogenen Medium mit der konstanten Phasengeschwindigkeit c in der Richtung s (Strahlrichtung) ausbreitet, ist die Amplitude

$$(3) \qquad a = \mathrm{const}$$

und das Eikonal

$$(4) \qquad S = n \cdot \{x \cos(s, x) + y \cos(s, y) + z \cos(s, z)\},$$

worin $n = c_0/c$ den akustischen Brechungsindex bedeutet, während für eine Kugelwelle 0. Ordnung (Kugelsymmetrie)

$$(5) \qquad a = \frac{A}{r}$$

($A = \mathrm{const.}$ $\quad r = \sqrt{x^2 + y^2 + z^2}$) und

$$(6) \qquad S = n \cdot r$$

wird [6]. Die Eikonalflächen $S = \mathrm{const.}$ stellen die Wellenflächen dar; ihre orthogonalen Trajektorien sind die Schallstrahlen, deren Richtung (s) also mit derjenigen des Eikonalgradienten übereinstimmt. Da dessen absoluter Betrag $|\mathrm{grad}\, S| = \frac{\partial S}{\partial s}$ gleich dem Brechungsindex (n) ist, gelten die Gleichungen

$$(7) \qquad \frac{\partial S}{\partial x} = n \cdot \cos(s, x), \quad \frac{\partial S}{\partial y} = n \cdot \cos(s, y), \quad \frac{\partial S}{\partial z} = n \cdot \cos(s, z)$$

und

$$(8) \qquad \left(\frac{\partial S}{\partial x}\right)^2 + \left(\frac{\partial S}{\partial y}\right)^2 + \left(\frac{\partial S}{\partial z}\right)^2 = \left(\frac{\partial S}{\partial s}\right)^2 = n^2.$$

Die Gleichung (8) entspricht der „Eikonalgleichung der Strahlenoptik“.

Der Zeitmittelwert des Energieflusses längs der Schallstrahlen durch ein Quadratzentimeter senkrecht zur Strahlrichtung (s) in der Zeiteinheit ergibt die *Intensität* J des Schallfeldes an der betreffenden Stelle. Dieselbe ist dem Quadrat der Amplitude proportional, bleibt also beim Fehlen dissipativer Prozesse im Feld einer Planwelle konstant und nimmt im Feld einer Kugelwelle umgekehrt proportional dem Quadrat der Entfernung (r) von der Schallquelle ab, von welcher Gesetzmäßigkeit nur eine die Schallquelle umschließende Kugel vom Radius einiger Schallwellenlängen auszunehmen ist.

Wird das akustische Medium (Atmosphäre) durch thermische Prozesse inhomogen, z. B. erstens durch Ausbildung einer vertikalen Schichtung unter dem Einfluß des Schwerefeldes, sowie zweitens durch die von Humboldt betrachteten Vorgänge, so ändert sich räumlich und zeitlich der Brechungsindex und damit im Zusammenhang das Eikonalfeld einer permanenten Schallquelle sowie die Intensitätsverteilung im Schallfeld. Bleiben bei diesen Änderungen die Bedingungen der sogenannten „Strahlenoptik“ (der geometrischen Optik) erfüllt, d. h. sind die dadurch bewirkten Änderungen der Schallwellenlängen klein in Dimensionen von der Größe der Wellenlängen, sowie langsam im Verhältnis zur Periode der Schallschwingungen [7, 8], so gilt auch dann die Eikonalgleichung (8), wobei sich alle darin vorkommenden Größen jetzt auf den „gestörten“ Zustand beziehen, d. h. S ist das deformierte Eikonalfeld, s die abgelenkte Schallstrahlenrichtung und n der veränderte Brechungsindex.

B. Methode der quantitativen Behandlung des Problems; Ersatz der strahlenoptischen durch die wellenoptische Analogie

Bei dem erstgenannten Inhomogenisierungsprozeß (Schichtung der Atmosphäre ohne thermische und dynamische Luftunruhe) bleiben die akustisch interpretierten Bedingungen der geometrischen Optik erhalten. Dementsprechend kann in einer geschichteten Atmosphäre ohne Luftunruhe der Verlauf der „Schallstrahlen" nach strahlenoptischer Analogie bestimmt werden. Die Eikonalgleichung behält ihre Gültigkeit, weil die durch die Schichtung der Atmosphäre bedingten Deformationen der Eikonalflächen so „großräumig" sind, daß die Krümmungsradien dieser Flächen stets sehr groß im Verhältnis zu den Schallwellenlängen bleiben.

Diese Verhältnisse ändern sich grundlegend beim Auftreten einer Luftunruhe der von A. v. HUMBOLDT betrachteten Art (thermokonvektive Turbulenz). Durch den turbulenten Charakter der Bewegungen in den von A. v. HUMBOLDT erwähnten auf- und absteigenden Strömen verschieden temperierter Luft treten entsprechend der bis auf die Größenordnung von Zentimetern herabgehenden „Mikroskala der Turbulenz" [9] Druck-, Temperatur- und Dichteschwankungen in Bereichen in und unterhalb der Größenordnung der Schallwellenlängen auf. Durch die turbulenten Temperaturschwankungen sind gemäß der Formel $c^2 = \varkappa R T (\varkappa = c_p/c_v$, $R =$ Gaskonstante der Luft, $T =$ absolute Temperatur) Schwankungen der Schallgeschwindigkeit (c) und damit räumlich-zeitliche Variationen des Brechungsindex (n) bedingt, welche ihren Ausdruck in kleinräumigen „zitternden" Deformationen des Eikonalfeldes finden, die nicht mehr den Bedingungen der Strahlenoptik genügen und die daher eine Behandlung des Problems nach „wellenoptischer" Analogie erforderlich machen. Diese Forderung entspricht durchaus dem Wesen der Akustik: Da „in der Optik die Wellenlängen im allgemeinen einer kleineren Größenordnung angehören als die Abmessungen der benutzten Körper, so resultiert daraus die besondere Einfachheit der optischen Gesetze der Fortpflanzung, Reflexion und Brechung, im Gegensatz zur Akustik, wo zwar auch die Gesetze der Wellenbewegung gelten, aber jene Voraussetzung im allgemeinen nicht erfüllt ist" [10].

Die Notwendigkeit des Übergangs von der „strahlenoptischen“ zur „wellenoptischen“ Analogie in der Behandlung des vorliegenden Problems bedingt eine Abänderung der nunmehr in der Form (8) ungültig werdenden Eikonalgleichung. Wenn S und n jetzt Zeitmittelwerte des Eikonals (S) und des Brechungsindex (n) von der Art darstellen, daß die kurzperiodischen Oszillationen der thermischen Konvektion eliminiert sind und nur die „langsame“, dem tagesperiodischen Wechsel Rechnung tragende Zeitabhängigkeit der Mittelwerte S und n erhalten bleibt, so muß die Abänderung der Eikonalgleichung von einer Form sein, die mit der Differentialgleichung einer „irreversiblen“ Welle verträglich ist, da das Schallwellenfeld durch die Koppelung der die Atmosphäre durchlaufenden Schallwellen mit den dissipativen thermokonvektiven Störungen selbst irreversiblen Charakter erhält. Diese Irreversibilität kann in bekannter Weise (analog den Verhältnissen bei der Ausbreitung elektromagnetischer Wellen in leitenden Medien) durch Einführung eines komplexen Brechungsindex ausgedrückt werden.

Entsprechend diesen Forderungen müssen wir die zu einer ebenen Welle (welche sich in der $+x$-Richtung tangential zur Erdoberfläche ausbreiten möge) gehörende „strahlenoptische“ Eikonalgleichung (S und n reell)

$$n = \frac{\partial S}{\partial x} \tag{9}$$

folgendermaßen erweitern:

$$n = \frac{\partial S}{\partial x} - i\mu\,, \tag{10}$$

wobei bedeuten: $n =$ komplexer Brechungsindex, $i = \sqrt{-1}$, $S =$ reelles Eikonal, $\mu =$ reelle Funktion, deren physikalische Bedeutung nachstehend klargestellt wird. Nach Gleichung (10) ist der Realteil

$$Re(n) = \frac{\partial S}{\partial x} \tag{11}$$

der „strahlenoptische“ Anteil des komplexen Brechungsexponenten (n). und der Imaginärteil

(12) $$Im(n) = -\mu.$$

Zusammen mit der zu (10) konjugiert-komplexen Gleichung

(13) $$\overset{*}{n} = \frac{\partial S}{\partial x} + i\mu$$

ergibt sich für das Quadrat des Absolutbetrages $|n|^2 = n\overset{*}{n}$ des Brechungsexponenten: $|n|^2 = \left(\frac{\partial S}{\partial x}\right)^2 + \mu^2$; demnach ist

(14) $$\mu = \sqrt{|n|^2 - \left(\frac{\partial S}{\partial x}\right)^2}$$

der den Eikonalgradienten übersteigende Anteil des Brechungsexponenten $|n|$, der also die durch die Thermokonvektion bedingte Abänderung der „strahlenoptischen“ Schallbrechung zum Ausdruck bringt. Die Funktion μ muß demzufolge von der Größenordnung der relativen Streuung der Schallgeschwindigkeits- bzw. Temperaturschwankungen sein. Dabei wird als „relative Streuung“ der Temperatur T um den Mittelwert $T_m = [T]_m$ (das Symbol $[\ldots]_m$ bedeutet arithmetische Mittelwertbildung) der Ausdruck $\sigma(T)/T_m$ bezeichnet, wenn

(15) $$\sigma(T) = \sqrt{[(T - T_m)^2]_m}$$

die Streuung (Standard Deviation) darstellt [11]. Die Abschätzung der Größenordnung von μ durch die relative Streuung der Temperaturschwankungen $\sigma(T)/T_m$ beruht auf der Überlegung, daß im Hinblick auf Gl. (14) größenordnungsmäßig

$$\text{magn}\,\mu = \text{magn}\sqrt{(n^2)_m - n_m^2}$$

sein muß, worin $n = c_0/c$ und $n_m = c_0/c_m$ mit $c_m = [c]_m$ bedeuten. Es ist nun

$$\left[\frac{1}{c^2}\right]_m = \frac{1}{c_m^2}\left[\left(1+\frac{c-c_m}{c_m}\right)^{-2}\right]_m = \frac{1}{c_m}\left\{1+3\,\frac{[(c-c_m)^2]_m}{c_m^2}\right\},$$

und da (wegen $c^2 = \varkappa R T$)

$$\frac{[(c-c_m)^2]_m}{c_m^2} = \frac{1}{4}\,\frac{\sigma^2(T)}{T_m^2}$$

ist, ergibt sich

$$\sqrt{(n^2)_m - n_m^2} = \frac{\sqrt{3}}{2}\, n_m\, \frac{\sigma(T)}{T_m},$$

also

$$\operatorname{magn} \mu = \operatorname{magn} \frac{\sigma(T)}{T_m},$$

so daß wir mit einem positiven Faktor η von der Größenordnung Eins setzen können:

(16) $$\mu = \eta \cdot \frac{\sigma(T)}{T_m}.$$

Hinsichtlich der in $\sigma(T)$ enthaltenen Temperaturschwankungen bemerkt O. G. Sutton [12] treffend: „Reliable data regarding these oscillations are very scarce, chiefly because the instruments used for recording temperatures near the ground are usually designed to yield mean values rather than to record faithfully short-period changes.“ Die bisher vorliegenden Messungen der Temperaturschwankungen in turbulenten Luftströmungen bei stabiler Schichtung nahe der Erdoberfläche lassen im Mittel auf die Größenordnung

$$\operatorname{magn} \frac{\sigma(T)}{T_m} = 10^{-3} - 10^{-4}$$

schließen; demzufolge wäre nach Gl. (16) im Mittel auch

(17) $$\operatorname{magn} \mu = 10^{-3} - 10^{-4}.$$

Natürlich unterliegt μ einer tagesperiodischen Schwankung; von einem nächtlichen Minimum steigt μ mit zunehmender Entstabilisierung der unteren Luftschichten zu einem Maximum in den ersten Nachmittagsstunden an.

Die Kombination der Wellengleichung (2), die wir durch Einführung des Brechungsexponenten in der Form

$$\left(\frac{\partial^2}{\partial x^2}+\frac{\partial^2}{\partial y^2}+\frac{\partial^2}{\partial z^2}-\frac{n^2}{c_0^2}\frac{\partial^2}{\partial t^2}\right)\psi=0 \tag{18}$$

schreiben, mit den Gleichungen (1) und (10) ergibt nunmehr mit Rücksicht auf die durch Gl. (16) dargestellte Bedeutung von $\mu=-Im(n)$ die Lösung unseres Problems.

C. Die tagesperiodische Variation der Schallintensität

Im Fall der von uns betrachteten Planwelle reduziert sich die Wellengleichung (18) auf

$$\left(\frac{\partial^2}{\partial x^2}-\frac{n^2}{c_0^2}\frac{\partial^2}{\partial t^2}\right)\psi=0 \tag{19}$$

und die Substitution von (1) ergibt zunächst:

$$n^2-\left(\frac{\partial S}{\partial x}\right)^2+\frac{\lambda_0^2}{4\pi^2}\frac{1}{a}\frac{\partial^2 a}{\partial x^2}=i\frac{\lambda_0}{2\pi}\frac{1}{a^2}\frac{\partial}{\partial x}\left(a^2\frac{\partial S}{\partial x}\right) \tag{20}$$

mit $c_0/\omega=\lambda_0/2\pi$. Substitution von (10) führt dann nach Trennung in Real- und Imaginärteil auf die Gleichungen

$$\frac{\partial^2 a}{\partial x^2}=+\frac{4\pi^2}{\lambda_0^2}\cdot\mu^2\cdot a \tag{21}$$

und

$$\frac{\partial}{\partial x}\left(a^2\frac{\partial S}{\partial x}\right)=-\frac{4\pi}{\lambda_0}\cdot\mu\,\frac{\partial S}{\partial x}\cdot a^2. \tag{22}$$

Die für $x \to +\infty$ verschwindende Lösung (mit $\mu = \mu(t)$):

$$(23) \qquad a = a_0 \cdot e^{-\frac{2\pi}{\lambda_0}\mu x}$$

der ersten Gleichung (21) genügt zugleich der zweiten Gleichung (22), wenn $\frac{\partial S}{\partial x} = f(t)$, d. h. von x unabhängig ist (zeitabhängige Verzerrung des Eikonalfeldes), und die dem Amplitudenquadrat (a^2) proportionale Intensität des Schallfeldes ist somit durch

$$(24) \qquad J = J_0 \cdot e^{-\frac{4\pi}{\lambda_0}\mu x}$$

gegeben.

Diese Gleichung (25) entspricht der Erklärung der tagesperiodischen Variation der Schallintensität im Sinne ALEX. v. HUMBOLDTS, indem der nach Gl. (16) der relativen Streuung der thermo-konvektiven Temperaturschwankungen proportionale Extinktionskoeffizient

$$(25) \qquad \frac{4\pi}{\lambda_0}\mu = \frac{4\pi}{\lambda_0}\eta\,\frac{\sigma(T)}{T_m}$$

ein nächtliches Minimum und ein Maximum am Tage zur Zeit der größten Entstabilisierung der bodennahen Luftschichten aufweist. Die Art der λ_0-Abhängigkeit des Extinktionskoeffizienten zeigt, daß die langen Wellen bzw. niederfrequenten Töne schwächer als die kurzen Wellen bzw. hochfrequenten Töne gedämpft werden. Bei der durch (17) für mittlere Verhältnisse gegebenen Größenordnung von μ ist $4\pi\mu$ von der Größenordnung $10^{-2} - 10^{-3}$, d. h. in Entfernungen von der Größenordnung $x = 10^2 \cdot \lambda_0$ bis $x = 10^3 \cdot \lambda_0$ hat die Schallintensität auf den e-ten Teil der Intensität J_0 abgenommen. Dieses Ergebnis gilt für Planwellen, bei denen infolge verschwindender Krümmung der (mittleren) Eikonalflächen keine „geometrische" Intensitätsabnahme durch Divergenz der (mittleren)

Schallstrahlen erfolgen kann. Führt man die obige Rechnung für Zylinderwellen ($r = \sqrt{x^2 + y^2}$) bzw. Kugelwellen ($r = \sqrt{x^2 + y^2 + z^2}$) durch, so ergeben sich die Formeln

$$J = \text{const} \cdot \frac{e^{-\frac{4\pi}{\lambda_0}\mu \cdot r}}{r} \qquad \text{(Zylinderwelle)} \tag{26}$$

bzw.

$$J = \text{const} \cdot \frac{e^{-\frac{4\pi}{\lambda_0}\mu \cdot r}}{r^2} \qquad \text{(Kugelwelle)} \tag{27}$$

indem in (19) $\frac{\partial^2}{\partial x^2}$ durch den entsprechenden r-Term des LAPLACE-Operators Δ und in (10) $\frac{\partial S}{\partial x}$ durch $\frac{\partial S}{\partial r}$ (allgemein durch $|\text{grad } S|$) zu ersetzen ist.

Entsprechend der auf dem FECHNERschen Gesetz basierenden Lautstärke (L)-Definition [13, 14]

$$L \text{ (Phon)} = 10 \cdot \log\left(\frac{J}{N}\right) \qquad (N = 10^{-16}\,\text{Watt/cm}^2) \tag{28}$$

der physiologischen Akustik enthält dann der Lautstärke-Gradient ($4{,}3429 = 10 \cdot \log e$)

$$-\frac{\partial L}{\partial r} = 4{,}3429\left(\frac{1}{r} + \frac{4\pi\mu}{\lambda_0}\right) \qquad \text{(Zylinderwelle)} \tag{29}$$

bzw.

$$-\frac{\partial L}{\partial r} = 4{,}3429\left(\frac{2}{r} + \frac{4\pi\mu}{\lambda_0}\right) \qquad \text{(Kugelwelle)} \tag{30}$$

zwei Anteile. Der „geometrische" Anteil ($\frac{1}{r}$ für die Zylinderwelle bzw. $\frac{2}{r}$ für die Kugelwelle) überwiegt in der Nähe der Schallquelle; für größere Entfernungen (bis zur tagesperiodisch variierenden „Reichweite" des Schalls) ist hingegen der für den „HUMBOLDT-Effekt" charakteristische Term $\frac{4\pi\mu}{\lambda_0}$ dominierend. Die tagesperiodische Variation des „HUMBOLDT-Effektes" kombiniert sich in der wirklichen Atmosphäre mit einer tagesperiodischen Veränderung des „geometrischen" Effektes, bedingt durch den wechselnden Verlauf der Schallstrahlen infolge tagesperiodischer Veränderung der Schichtung der Atmosphäre im Schwerefeld der Erde.

III. Zusammenfassung

Es wird gezeigt, daß die thermo-konvektiven Temperaturschwankungen der Atmosphäre eine tagesperiodische Dämpfung der Schallamplitude bedingen. Indem sich dabei ergibt, daß der Extinktionskoeffizient der Schallintensität der Streuung der thermo-konvektiven Temperaturschwankungen direkt proportional ist und somit wie diese ein Maximum am Tage und ein Minimum in der Nacht aufweist, wird die Ansicht ALEX. v. HUMBOLDTS über den Anteil der Thermokonvektion an der tagesperiodischen Variation der Schallintensität quantitativ bestätigt.

Literaturnachweise

[1] ALEX. v. HUMBOLDT, Voyage aux Régions Équinoxiales du Nouveau Continent. Tome second, Paris **1819**, 324—327. — Reise in die Äquinoktial-Gegenden des neuen Kontinents, **3**, 133—136. Stuttgart (Cotta) o. J. (= Gesammelte Werke, **7**).

[2] ALEX. v. HUMBOLDT, Über die nächtliche Verstärkung des Schalles. (Abhandlung, gelesen in der Akademie der Wissenschaften zu Paris am 13. März 1820.) In: Kleinere Schriften, **1**, 371—397. Stuttgart und Tübingen 1853.

[3] G. WIEDEMANN, Einzelne physikalische und chemische Forschungen. In: K. BRUHNS, ALEX. v. HUMBOLDT. Eine wiss. Biographie, **3**, 84—89. Leipzig 1872.

[4] W. J. HUMPHREYS, Physics of the Air. Second Edition. New York **1929**, 419—420.

[5] R. GEIGER, Das Klima der bodennahen Luftschicht. Ein Lehrbuch der Mikroklimatologie. 3. Aufl. Braunschweig **1950**, 118—119.

[6] A. SOMMERFELD, Vorlesungen über Theoretische Physik. **4**, 211—213. Wiesbaden 1950.

[7] L. DE BROGLIE, Einführung in die Wellenmechanik. Leipzig **1929**, 50—58.

[8] R. B. LINDSAY, Concepts and Methods of Theoretical Physics. New York **1951**, 376—381.

[9] O. G. SUTTON, Micrometeorology. A Study of Physical Processes in the Lowest Layers of the Earth's Atmosphere. London **1953**, 94—99.

[10] M. PLANCK, Einführung in die Theoretische Optik. Leipzig **1927**, 53.

[11] G. U. YULE and M. G. KENDALL, An Introduction to the Theory of Statistics. Fourteenth Edition. London **1953** (Second Impression), 126.

[12] O. G. SUTTON, Atmospheric Turbulence. London **1949**, 27.

[13] L. BERGMANN und CL. SCHAEFER, Lehrbuch der Experimentalphysik. 4. Aufl. Berlin **1954**, 446—448.

[14] F. TRENDELENBURG, Einführung in die Akustik. 2. Aufl. Berlin, Göttingen, Heidelberg **1950**, 97—101.

Bei Fragen zur Produktsicherheit wenden Sie sich bitte an:
If you have any questions regarding product safety,
please contact:

Walter de Gruyter GmbH
Genthiner Straße 13
10785 Berlin
productsafety@degruyterbrill.com